科学全知道系列

连北极熊
都不知道的北极故事

[韩]朴志桓◎著
[韩]金美境◎绘
千太阳◎译

吉林科学技术出版社

去北极探险吧！

"北极熊快要灭绝了！"

"迅速融化的北极冰川，也许在本世纪（21世纪）内消失。"

"日益增高的地球温度，使北极生态系统破坏极其严重！"

近日在谈到环境气候问题时，人们总会谈到"北极"。因为，北极是预测地球气候变化最重要的地区之一。现在北极越来越"hot"（热）了，你会问北极的气候会不会像我们的夏天一样变得暖和了？那倒没有！要是北极的气温像我们这里的夏天一样高，那就麻烦了。我们所说的"hot"（热）是指日夜研究北极的科学家们高涨的热情。

在到处都有冰块和雪堆的北极，科学家们究竟在专心研究什么呢？

想知道答案吗？那就看看朴志桓的这本《连北极熊都不知道的北极故事》吧。

这本书描写了北极巨大冰川的模样和北极夏天的风景，还介绍了在北极的研究基地附近可爱的狐狸们和大雁家族，以及北极多样的植物和菌种等我们所不了解的北极面貌，甚至还有研究北极生态系统的科学家们的故事。

现在北极是世界的焦点。北极不仅是能够预测地球气候变化的地区，还是蕴藏石油等矿物资源和水产资源的地方，所以很多国家正为开发北极而努力。从各个角度分析，北极都是一个好地方。

那么，小朋友们，现在就和叔叔一起去北极探险吧。希望你们通过阅读这些有趣奇妙的北极故事，变得更勇敢、更聪明。

目　录

会有什么动物居住在北极呢?

拯救地球的北极

从北极冰川中可以看到地球的未来

　　小朋友们，一说到"北极"，你首先想到什么呢？

　　大部分人会想到巨大的冰块——"冰川"。

　　叔叔也会首先想到由数年至数千年的积雪堆积而成的冰川，还有能让整个世界感受到寒冷又猛烈的风和令人迈不开腿的厚厚白雪。所以，在向北极科学基地出发之前，叔叔准备了厚厚的袜子和靴子，还准备

了超级保暖的防寒服。

研究北极微生物的赵博士、研究极地植物的徐博士、研究昆虫的金教授和我一道向北极出发了。当我听到充坤老师的名字时，不由得开怀大笑，因为充坤老师的名字反过来读就成了昆虫（坤充）。

此外，还有研究海洋生物的金博士和研究大气的张博士也一同前往北极。

各个领域的专家一同前往，是为了研究生活在北极的各种各样的植物、动物、昆虫、微生物等生物。研究北极的环境问题，就是为了我们地球的美好未来。好的，现在穿好衣服，整理好装备，跟着叔叔去北极探险吧！

向北极
出发吧

坐在飞往北极的飞机上，我感到又紧张又兴奋。
北极的探险之旅虽然让我充满期待，但是北极那么冷，我
真怕飞机被"冻坏"。

究竟能否顺利到达北极呢？

向北极出发！

去往北极的路比想象中还要复杂，我们花费了两天三夜，而且还要换好几次航班。因为乘坐飞机的时间太长了，我的脚都抽筋了，但是一想到即将到达很少有人去过的北极，我的心里甭提有多高兴了！什么苦都能承受得了。

从韩国仁川机场起飞，坐了十几个小时飞机的我

们到达了英国希思罗机场，在那里我们换乘前往挪威奥斯陆的飞机。到达奥斯陆之后，我们在机场附近的宾馆住了一晚，但是那里的天气好冷，感觉就像秋天一样。我们身上的夏装到那里就穿不了了，第二天从宾馆出来的时候，我们都换上了冬装，那种寒冷让我感到离北极不远了，但是实际上那里离我们要去的目的地——北极科学基地，还远着呢。

　　我们还要从奥斯陆机场搭乘到特罗姆瑟的飞机，再换乘飞机去朗伊尔城。

哇，我看到北极了！

　　到了朗伊尔城，感觉就快要到达北极基地了，在机场能看见山峰和山谷，还有随处可见的冰川。但是，我们还要再搭乘一趟飞机才能到基地。我们乘坐了一架小飞机，旅程终于快结束了！太棒了！透过

飞机的窗户向下望去，北极到处都是冰川。大地、山峰、海洋都覆盖了厚厚的冰，但是很奇怪，冰川不像想象中那样干净透明。

在冰川上，黄褐色的泥土混杂在一起，很多石头也掺杂其中。我多多少少有些失望，因为在我的想象

13

中，北极总是覆盖着美丽而洁白的雪。

　　大约飞行了30分钟后，我们到达了设在北极科学基地的尼尔森机场，那里只有小型飞机才能起飞和降落。这次北极探险的总负责人江城豪大队长接待了我们。

　　对了，北极科学基地不像南极科学基地那样，可以让研究人员停留一年的时间。

大部分研究人员会在基地停留一个月左右，采集研究所需要的植物、动物、昆虫和微生物样本，但是也有人为了观察植物发芽，待上三四个月。

　　我和江大队长热情地打了招呼，就坐车向科学基地进发了。

北极研究的中心地，
尼尔森基地村

  北极科学基地处于尼尔森科学基地村之中。尼尔森科学基地原来是开采煤炭的煤矿村，但现在为了研究北极的自然环境和生活在北极的动植物，被改为"国际科学基地村"。在这里挪威、英国、德国、法国、日本、意大利、中国等国家都建立了自己的研究基地。

　　我还以为就像科幻电影里的景象一样，科学基地村里会有许多奇奇怪怪的建筑物呢，但是到了之后，才发现基地村只是由木材和砖头搭建的普通建筑物组成的。据说他们特意用了木材和砖头等天然材料，就是为了不污染周边的环境。造房子需要的所有材料都来自挪威。因为北极没有树木，更没有造砖厂。

　　这里的建筑物的另一个特征就是屋顶的倾斜度很大。因为北极经常下雪，屋顶的倾斜度很大，雪就不会积在屋顶上。到了冬天，北极会下非常大的雪，如果屋顶是平的，那么雪很快就会堆积在屋顶上，房子很难承受住雪的压力。

叔叔到这里后做的第一件事就是撰写"入所报告"。无论是抱着什么目的来访问基地，都要详细记录自己的职业和要停留的时间，还要签署不会破坏环境的保证书。等做完这件事之后，我认真听江大队长讲解了在基地应该遵守的规定。其中最重要的一条就是不能有任何破坏自然环境的举动。

江大队长给我们详细介绍了基地的基础设施，基地里有供世界各国科学家公用的食堂、洗衣房、休息室以及垃圾场。各国的基地共用同一个洗衣房和垃圾场的目的就是保护北极的环境。

污水聚集在一个地方，以方便污水的净化。为了防止洗衣机用洗洁剂破坏环境，人们只能使用环保洗洁剂。从食堂窗户向外望去，一眼就能看到基地旁边的峡湾，当然还有冰川，食堂前面的小花园里有小株植物绽放着花朵，还能看到几只刚出生的小雁，跟在妈妈后面蹒跚着学走路，别提多可爱了。

科学基地有10间
供队员休息的房间和休
息室，可以煮泡面等简
单食物的小厨房，还有
供研究人员研究在基地
采集到的植物、动物和
微生物的实验室，以及
保管研究装备的仓库。

什么是峡湾？

　　经过很长时间后积雪会变成
冰川，随着时间流逝，冰川受到
重力往下沉降，形成凹坑，海水
流进凹坑里就成了峡湾。

21

糟糕！
我弄丢了研究装备！

  到达科学基地之后，我美美地睡了一觉，因为长时间坐飞机实在太疲劳了，如果基地很安静的话，我可能会睡上一整天呢。

  走廊里突然传来一阵吵闹声，我马上起床出去看了一下，想知道到底发生了什么事情。原来是某个研究员的研究装备没有顺利送达基地。有装备才能在周边的海里采集微生物样本，如果没有装备，什么都不能做，只能乖乖地回去。

那位研究员慌慌张张地给奥斯陆机场打了电话，接电话的航空公司职员说去确认一下再给答复，过了两个小时之后才有消息，可把那个研究员给急坏了。不过还算幸运，装备落在英国的希思罗机场，再过两天就能送到。大家总算松了一口气。

北极
探险

北极是世界上最冷的地方之一。
但是北极也有春天和夏天。
那时候，冰雪会融化，形成小溪，溪水流淌，小小的花朵
纷纷绽放。

让我们去探寻隐藏在冰川后面的北极真面貌吧!

北极在哪里呢？

地球围绕着太阳转，自己也会转。地球围绕着太阳转叫作公转，自己旋转叫作自转。

地球像陀螺一样，中心有轴，这个轴叫作"自转轴"，地球围绕着自转轴一天转一圈。自转轴上面的点就是北极点，而下面的那个点就是南极点。

看一下地图吧，看见地图中间的北极点了吗？北极就是以北极点为中心的圆圈之内的所有地区，由北冰洋以及周边陆地组成，其陆地部分包括格陵兰、北欧三国、俄罗斯北部、美国阿拉斯加北部及加拿大北部。

北极的面积为2 500万至3 000万平方千米，北冰洋域面积为1 310万平方千米，占据了北极的大部分面积，剩下的部分是北极周边的大陆，也就是从北纬66°到极点的陆地。整个朝鲜半岛的面积约22.23

纬度和经度

纬度就是以赤道为中心横着划分地球的线，而经度就是竖着划分的线。赤道的纬度为0°，北极点是北纬90°，南极点是南纬90°。经过英国格林尼治天文台、北极点、南极点的线定为0°经线，以那条经线为基准，东西各划分出180条经线。

万平方千米，你能想象出北极有多大吗？

　　下面我们从不同的观察角度来看一下北极吧。

　　以赤道为中心，向南北两个方向延伸，气候会越来越冷。因此，到了地球的某一个地方，气候寒冷

北极的主人是谁？

　　除了北冰洋之外，北极的陆地都有主人。斯瓦尔巴群岛是挪威的领土，弗朗兹约瑟夫群岛是俄罗斯的领土，还有格陵兰岛是丹麦的领土。

那南极的主人是谁呢？

　　南极和北极不一样，是个没有主人的地区。南极大陆受到《南极条约》的保护。

得连树木都无法生长。虽然各个地方都会有微小的差异，但是北极圈的分界线大致是在北纬66°，这条线以北就是北极地区。

如果再有人问哪里是北极，这次你能回答"北极是地球北纬66°以北的地区"了吧？

29

发现北极的伟大的探险家们

我们乘坐两天三夜的飞机到达北极，小朋友们是不是觉得花费了很长时间呢？但是和以前相比，这已经快了很多，而且也省了很多力气。同样的地点，一百年前要去北极，至少得花几个月的时间。北极的气温太低，天气变化又很大，所以人们很难靠近。因此，长期以来北极就是人迹罕至的未知地域。北极的环境虽然很恶劣，但却阻挡不了勇敢的探险家们的脚步。让我们一起来了解一下这些勇敢的探险家吧。

七大洲的最高峰

大洋洲的查亚峰（2 228米）
北美洲的麦金利山（6 194米）
非洲的乞力马扎罗山（5 895米）
欧洲的厄尔布鲁士山（5 642米）
南极洲的文森峰（4 897米）
亚洲的珠穆朗玛峰（8 844米）
南美洲的阿空加瓜山（6 960米）

最早成功征服北极点的皮尔里

　　最早成功到北极点探险的人是美国军人、探险家罗伯特·皮尔里。在游览格陵兰岛的时候，皮尔里就对北极产生了浓厚的兴趣，他想成为征服未知地域——北极点的第一人。

　　1891年，皮尔里在格陵兰岛的西海岸建立了基地，到格陵兰岛去探险，同时也是为北极点的探险做准备。但就在这时候，他被冻伤了，并因此失去了七个脚趾。

但是他没有放弃梦想，身体的伤痛不能熄灭皮尔里对北极点探险的热情。皮尔里身体刚刚恢复，就开始着手准备向北极出发了。

　　可惜他的第一次北极探险仍然以失败告终。人们都说他的身体状况太差了，他的极地探险家生涯可能就这样终结了。那时候的皮尔里已经45岁。

　　皮尔里没有气馁，他是个非常坚强的人，后来他几次到达北极点的附近，虽然最后不得不返回，但皮尔里始终没有放弃。

　　皮尔里52岁那年，他觉得要想征服北极，这是最后一次机会了。他勇敢地向北极点出发了。在1909年4月6日上午10点，他在北极点插上了他的夫人精心制作的美国国旗。

　　这一刻他等了18年！

　　小朋友们，你们也要像皮尔里一样为了自己的目标而努力奋斗。实现目标的过程虽然不是那么容易，但是只要坚持不懈，总有一天会成功的！

挪威的英雄，阿蒙森

北极的尼尔森科学基地村中矗立着探险家阿蒙森的铜像。

阿蒙森与皮尔里一样，是有着冒险精神和非凡勇气的探险家，是最初征服南极点的人之一。他是挪威的水手。虽然他不是第一位征服北极点的探险家，但挪威人也在基地里建造了阿蒙森的铜像。

　　1909年罗伯特·皮尔里征服北极点之后，许多探险家就争相对南极点展开探险。站在最前列的有挪威的探险家阿蒙森和英国探险家斯科特，这两个人在极地探险史上是最有名的竞争者。

　　挪威的阿蒙森和英国的斯科特在1911年带领着各自的探险队向南极点出发了。虽然两个人都是坐船前往南极的，但探险方式却截然不同。阿蒙森比斯科特更早到达南极大陆。然后阿蒙森乘坐雪橇奔向南极点，而之后到达的斯科特则是乘坐带有发动机的马车。

　　你们觉得谁会最先到达南极点呢？是不是觉得装有发动机的马车会赶上雪橇呢？但是事实并非如此。那原因何在呢？

南极气温号称世界最低，寒冷的气候把马车的发动机完全冻坏了，斯科特的探险队不得不徒步去寻找南极点。

相反，阿蒙森在去往南极点的路上，建了基地，放下行李，所以他的速度很快，比斯科特早到达南极点。虽然斯科特后来也到达了南极点，但阿蒙森已经把国旗插在了极点。

尽管到达南极点有先有后，但是在历史上，这两个人都被称为伟大的探险家。无论竞争中谁输谁赢，我们都要把最真诚的掌声送给他们。况且，他们并非相互厌恶或者歧视，而是在展开善意的竞争，应该为他们喝彩。

去北极点的时候，应该选择什么样的道路呢？

　　去往北极点的探险家会选择在北冰洋的冰面上行走。征服北极点的探险一般选在3月份到6月份进行。3月份起，天气就开始暖和起来了，到了4月初，每天24小时都是白天——这就是极昼现象，有助于开展探险活动。覆盖着北极的冰面不会融化，所以比较安全。到了6月份，进入夏天，北冰洋上的冰面会开始融化，因此探险家们很难进行探险。

巨大无比的冰川

尼尔森科学基地村后面有着像教堂屋顶一样尖尖的山。山上没有树木，岩石像刀一样尖锐。山体间有些大大小小的冰川。登上山近距离去看冰川，我还是吓了一跳。冰川占据了山和山之间的整个深谷。我还是第一次看到这样壮观的场面。

这冰川比首尔的奥林匹克广场还要大几百倍。我终于明白了书上说的，地球上的淡水以冰的形式聚集在南极和北极，所以，地球又被称为"蓝色的星球"。

但是由于地球的温室效应，巨大的冰川也会迅速地融化掉。

基地前方是宽约5千米的大海，海面上漂浮着白

色的冰川碎片，天空中不时飞过可爱的海鸥。

　　海的对面有片陆地，那里就是临海的巨大冰川地带，冰川比摩天大楼还要高。冰川的碎片偶尔会掉下来，发出巨大的轰隆声。尼尔森基地村就被这样的冰川围绕着。

漂浮在北冰洋上的浮冰

　　北冰洋上的巨大冰川看似没有移动，但实际上受到海水流动和风的影响，它在缓慢地向白令海和大西洋移动。特别是在夏天，长期形成的冰川会慢慢裂开，形成大大小小的碎片漂浮在海面上。

去冰川探险吧！

　　为了采集冰川上的微生物和周边的植物、昆虫样本，我和研究员们一起登上了冰川，高度大约为570米。

　　怀着无比自豪的心情，我们登上了冰川的表面。带队的就是江大队长，因为他经常在基地周边活动，所以很熟悉这里。大队长背着猎枪，给我们做向导，我们紧紧跟随着大队长，感觉就像是电影里的探险队员一样，十分兴奋。

　　江大队长告诉我们，科学基地的周边有北极熊、鹿、狐狸、老鼠等哺乳动物，出远门时必须要带枪，因为这里时常有北极熊出没。

由于北极熊的食物越来越少，饥饿的北极熊常常溜进村里抓走家畜，有时还会攻击人。幸运的是，我在北极的时候，没有遇到北极熊。

到了夏天，北极熊跟随海狗到了北部地区。海狗主要生活在冰面上，夏天冰块要融化，所以它们去更寒冷的北部生活。因为我去的时候是夏天，所以北极熊有可能跟着海狗去了比基地还要偏北的地区。去往冰川的路上，我看到了许许多多尖锐的岩石，那是随着冰川向下流动留下来的，和别的岩石发生碰撞，所以变得很尖锐。

在这里也能看到小草，这些草很密集，走在上面，像是踩在海绵上一样。我还看到了正在吃草的鹿。

这一路上还要经过几十条小小的溪流，溪流是冰川融化形成的，有的很宽，穿水靴的人可以很轻松地

43

走过去，但是穿运动鞋的人就要找一些狭窄的水较浅的地方才能走过去。

　　我把手放进溪水中，发现水没有想象中那么冰冷刺骨，可能是夏天的缘故吧。

　　穿过小溪，我们来到冰川的山脚下，看到有足球场一半大的湖面，这个湖是由冰川融化的水聚集成的。我们刚才经过的小溪就发源于这个湖。冰川融化的水在这里蓄积一段时间之后，会随着小溪流向大海。

像刨冰一样的北极冰!

嗬！终于登上冰川了！

不过刚刚踏上冰川的瞬间，我有点儿失望。

从远处看，冰川白得像一块玉，但是近看溪水中
却掺杂着泥土和石子，有的地方甚至还有像人那样大

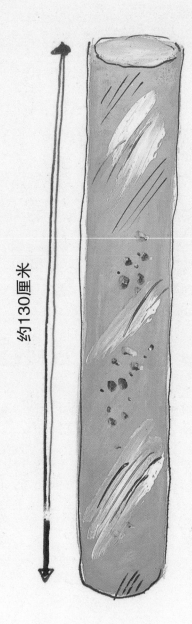

约130厘米

的岩石！但是再往上走，就看到了我所期待的纯净的冰川。冰川中融化的水聚集成小溪往山下流动，形成一幅美丽的风景画。

接下来，我们就要开始工作了。把冰川里的冰切成圆柱形，带回去观察冰川里生活的微生物。首先要找到平坦的冰川面，然后把内带刀片的圆筒放在冰面上，接着旋转圆筒来采集厚度约为130厘米的冰柱。当里面的刀片旋转的时候，冰块会被磨成很小的碎末。

这么细碎的冰末让我想起了好吃的刨冰，清凉爽口。但采集冰块的工作可不像吃刨冰那么容易，采集的过程中如果稍微歪一点儿的话，冰柱就会断掉，只能重新再来。

几次失败之后，我们终于成功采集了冰柱。通过对冰柱的分析，就能找到在零下几十摄氏度的气温下生存的微生物，它能帮助我们发现对人类有益的新物质。

你们有没有看过冷冻人体的科幻电影？电影里出现了把人体冷冻起来，到了未来再解冻人体、让人重

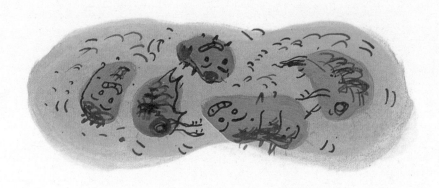

能干的海底微生物

　　海底有种以数千吨甲烷为食的微生物。1吨甲烷造成的温室效应是1吨二氧化碳的21倍。辛亏有这种以甲烷为食的微生物，它们多多少少缓解了地球的暖化进程，而且这种微生物还可以转化为比甲烷效率更高的燃料，是对我们生活有帮助的可爱微生物。

新苏醒的技术。但是，实际上突然进行的冷藏会使构成身体的细胞破裂。那么冷冻人体是不是只能在电影里出现呢？不是的。

生活在北极的微生物，它们的细胞含有在零下几十摄氏度的环境里防止细胞冰冻的物质，可以利用这些物质对人体进行冷冻。

人体重新解冻之后会是什么样的感觉呢？我正想着这个问题，突然听到有人说："朴记者，喝杯咖啡吧！"我回头一看，原来是刚完成冰柱采集任务的一位队员，让我和他们一起

分享保温瓶里的咖啡和橙汁。于是，我也赶紧过去和他们一起享用甜甜的橙汁和暖暖的咖啡。

虽然北极是个寒冷的地方，但是和队员们一起分享暖暖的咖啡和新鲜的橙汁时，我一点儿都不觉得冷了。

喝下冰川之水

　　在基地村，人们把冰川融化的水当作饮用水和生活用水，茶山基地（韩国在北极的科研基地）也是一样。基地后面的冰川融化的水会流到基地附近的凹地上，留下来的水会自然形成水库。在基地和水库之间装上个抽水机就能解决基地用水的问题了。冰川融化的水中掺杂着泥土和灰尘，等那些杂质沉淀之后就可以直接饮用了。因为没有污染，所以不用再给水消毒

50

了。好几万年前的雪堆积而成的冰川，又融化成水，当你饮用这些水的时候，会不会感到很神奇、很特别呢？

当我第一次喝冰川之水的时候，感觉清爽无比。清凉的冰川之水就像是可口的饮料一样，喝下去别提有多痛快了。

科学基地有种菜的玻璃温室。北极的夏天太短，无法种植蔬菜，所以要靠温室保持适宜的温度。

江大队长告诉我们，玻璃温室里种着用于研究的植物和白菜之类的蔬菜。啊，好想吃新鲜蔬菜，我迫不及待地跑进了玻璃温室。

温室里生长着基地周边的野生植物，白菜之类的蔬菜却很少。

一个星期过来一两次的补给船会带来蔬菜和水果、肉等食物。大部分食物都是从挪威本土运来的。

我们偶尔也能吃上鹿肉或鲸鱼肉做的料理，当然不是抓基地周边的鹿和鲸鱼来做料理。现在除了少数几个国家之外，其他国家都是禁止捕猎鲸鱼的。但是，捕获到的鲸鱼只能用于科学研究。研究之后可以作为食用鲸鱼来销售。我觉得，不是出于研究目的，

53

而是出于赚钱或消遣的目的来捕获濒临灭种的鲸鱼，是不可原谅的行为。

　　你觉得呢？出于研究目的而捕鲸是不是也应该禁止呢？

保护鲸鱼的国际捕鲸管制公约

　　有一段时间鲸鱼几乎濒临灭绝，因此，人类为了保护鲸鱼而制定了限制捕鲸的条约。但是出于科学研究目的的捕鲸活动却意外地获得了允许。

太阳，请你离我们远一点儿

　　你有没有去过整天见到太阳的地方？叔叔所去的北极，在夏天，24小时都能看到太阳，就像太阳随时随地跟着我转一样。

　　到了睡觉的时间，由于太阳还挂在天空中，所以根本睡不着，房间的窗户上虽然挂着窗帘，但是阳光很强，还是能透进来。最后我想了个办法，就是挂上很多件衣服来挡光。还真管用！房间暗了很多，也容易入睡了。

　　一天到晚（24小时）太阳不落到地平线以下的现象叫作"极昼"。极昼是由于地球倾斜绕着太阳公转而形成的现象。

地球围绕着太阳公转，同时又以北极和南极的连线为轴一天自转一圈。所以地球会有被太阳照射到的一面，叫作阳面，处于白天，另一面则叫阴面，处于夜晚。

但是地球不是正对着太阳转，而是稍微倾斜着转。所以地球会有持续接受阳光照射的一部分区域，那就是地球两端的北极和南极。

夏天，极昼现象会在赤道以北的北半球出现，冬天则会在赤道以南的南半球出现。持续黑夜的极夜现象的出现时间则与极昼现象相反。北极点和南极点持续白天的极昼和持续黑天的极夜现象会分别持续6个月，交替出现。

　　出现极昼和极夜现象的北极地区的人们一般生有蓝色或绿色的眼睛。为什么会是这样呢？眼睛的颜色

和一天中所接受的日照量有关。

　　日照量少的地区，人们对蓝色和绿色敏感。因此，生活在这些地区的人们的眼睛会慢慢变成蓝色或者绿色。生活在太阳光线少的地区的大多数人视力都比较弱，所以比起强烈的颜色，人们更喜欢温和一点的颜色或白色。一位科学家做了一个实验，他送给原住民因纽特儿童蜡笔，但是发现因纽特儿童和亚洲儿童喜欢的颜色不一样。亚洲儿童喜欢红色，而因纽特儿童却更喜欢绿色。

　　根据出生地的环境不同，眼睛的颜色和所喜欢的颜色也不同，是不是很神奇呢？

去过北极或南极的人描述那里的美景时，一定不会忘掉美丽的极光。我去基地的时候是夏天，所以一直都是白天，没有机会看到只会在晚上出现的极光，好可惜啊！极光是黄绿色、红色、黄色、朱黄色、绿色、紫色、白色等多种颜色的光像窗帘一样挂在夜空中的现象。

什么是极光？

极光是天空呈现出美丽颜色的现象。太阳放射出来的带电粒子到达地球大气层之后，高空大气分子以及原子被激发并且释放出能量。那时呈现在大气层中的各种颜色就是极光。

60

极光的颜色有暗有亮。有的颜色暗，需要仔细看才能看到，有的颜色又太亮了。

如果把最弱的极光的强度比作是1，那么最强的光大约是1万。极光一般会在90～150千米的高度出现。

能经常看到极光的地区叫作极光区。北半球的极光区是北极点和接近西伯利亚北部沿岸的地区、阿拉斯加中部、加拿大中北部和哈得孙湾、冰岛南部、斯堪的纳维亚半岛北部地区。只要不是阴天，这些地区在冬天都能看到极光。

从极光区到赤道，越往南走极光出现的频率就越低。英国北部一年可以看到20次左右的极光，比这个地区要靠南的纽约则只能看到3～5次。赤道附近的新加坡、印度、古巴也曾有过看到极光的记录，但是人们看到的只是像远处着火一样效果的极光。

找到了恐龙化石

在基地的时候，北极迎来了短暂的秋天。基地周边的草开始变黄，风也大了，我们还赶上过整日是阴天的时候。

不知道是不是因为下雨或阴天，探险队员都有点儿提不起精神。

大气观测所

北极科学基地后面的山顶上有世界著名的大气观测所。那里所配的装备非常灵敏，连经过的人排放出的微量的二氧化碳也能测出来，所以我们只好从离观测所较远的道路上山。

江大队长为了给大家鼓劲儿，建议我们一起去爬基地后面的山。大家一听都很赞成，于是我们乘车来到了山脚下。

　　由于山上有大大小小的岩石，所以登山过程没有想象中那么容易。前面的人踩掉的坚硬的小石头向我滚下来时，我也多多少少有点儿害怕。好在山不是那么高，我们大约花了30分钟就到了棱线处。顺着棱线向上爬了一会儿，有个科学家发现了比人头稍微小一点儿的石头，重约2千克，看起来像是个海贝的化石。有人说是化石，也有人说是样子像海贝的石头。

　　不知道是化石还是海贝模样的石头，反正它的样子很神奇，我赶紧装进口袋。但是看看周围，发现样子像化石的石头到处都是。

　　四周有像鱼化石的石头，也有像恐龙蛋一样圆

圆的石头。"这会是什么呢？"我正想着这个问题，有位科学家说这可能是恐龙蛋。

我问他："恐龙蛋为什么会在北极呢？"我迫不及待地想知道答案。那位科学家告诉我说科学基地原来是个采煤的矿产地，后来经营不善倒闭了，之后就在这里建立了科学基地。

听了他的一番讲述，我就知道为什么这里会有恐龙化石了。你一定会问煤炭和恐龙有什么关

北极有过炎热的时候？

以前地球的大陆分布在赤道附近和南半球上，包括围绕着北冰洋的大陆和岛屿在内的北极也在赤道附近。随着时间的流逝，北极慢慢往北移动，到了现在的位置。北冰洋的深处也曾发现热带雨林地区的树木和贝类的化石。所以我们可以推断，在很久以前，北冰洋的水温大约是20℃以上。

系，是吧？让我来解释一下吧。

　　煤炭是地质时代的陆地植物或海洋植物浸在
水里，在与空气隔绝的状态下，受到地下高热和
压力形成的固体可燃性矿物。所以在煤炭多的地
方，以前都有很多植物。

　　北极曾经是个植物很茂盛的地方，是不是很
不可思议啊？

　　北极大陆在遥远的过去是湿热的热带性气
候。大陆上有很多植物，也有很多恐龙。回想一
下电影《侏罗纪公园》里的场景，是不是能想象
出那时的情景呢？

65

北极也有春夏秋冬

    我们到达茶山科学基地的时候，是夏天的8月份，但是我感觉北极的夏天气温不高，基地外的温度计显示室外温度为5~8℃，风大的时候，温度会降到零下。这时分明是夏天，可感觉却像到了冬天。

    但神奇的是，基地周边植物的叶子还是青绿色的，它们像是在对人们说："这点寒冷对我们来说不算什么。"很多植物还开着美丽的花朵，有的植物还长出了相当于三分之一米粒大小的芽。在这么寒冷的天气里，还能看到生命力如此顽强的花和草，真是令人惊叹。

离开科学基地的前几天一直下着密密的小雨。有位科学家告诉我，下雨之后气温会迅速下降，并且很快就会出现被称为"blizzard"的暴风雪。

科学基地位于北纬78°，从4月下旬到8月下旬的4个月时间里一直是持续白天的春夏季，8月下旬到10月下旬是昼夜交替的冬天。秋天很短，所以很难分出秋冬。

10月下旬到次年的2月下旬是持续黑夜，并且一直刮着暴风雪的冬天。过了2月下旬，昼夜交替的春天又到来了。

　　北极的季节变化可以从动物的活动中看出来。到了冬天，北极熊就会停止活动，在雪地上挖个洞，建个温暖的窝。在洞里，它们会生下幼崽并度过寒冷的冬天。等到了春天，它们就领着幼崽出去捕猎。海豹产下幼崽也预示着春天的到来。

　　到了夏天，鹿群开始迁移。当覆盖在大地上的积雪融化之后，小草发芽，鹿群为了吃到这些草，就一点一点地向北移动。但事实上，鹿群向北移动并非只是为了吃这些草，主要是为了避开夏天低纬度地区出现的蚊子。

比较一下北极和南极吧

北极和南极，哪里会更冷呢？

　　正确答案是南极！科学家测量南极和北极气温的结果显示，北极地区的平均气温是-40～-35℃，而南极地区的平均气温比北极气温低15℃左右，为-55℃左右。

　　据记载，南极大陆的沃斯托克基地，在1960年8月24日气温曾降到-88.3℃。真是能把人冻成冰块的低温啊！那到底为什么南极比北极还要冷呢？

　　那是因为南极大陆的面积比北极大得多。和海洋相比，陆地更容易吸热和放热。此外，南极比北极覆盖着更多的冰川，冰川会把90%的热量反射掉。

　　流向北极的墨西哥湾暖流也会多多少少让北极暖和一点儿。相反，南极的风比北极刮得更为强烈，这会阻挡从外部吹来的温暖的风。

北极和南极有什么不同呢？

南极可以说是以地球的自转轴和地面相接点为中心的地区，而北极恰恰相反。再仔细说明的话，北极就是北冰洋以及围绕着北冰洋的陆地，主要指亚欧大陆和北美大陆的一部分。所以有南极大陆的称呼，而没有北极大陆的说法。

南极比较大，因此不能被称作岛屿。人们把南极称为排在大洋洲之后的第7大陆。如果按面积来排序，南极大陆在七大陆中排第5位，比大洋洲大陆还要大得多，还覆盖着平均厚度为2 160米的冰层。

虽然南极覆盖着这么厚的冰，可是也能看到在亚洲、美洲、非洲等大陆上所能见到的活火山、温泉、地震等地质学现象，这里也有着丰富的地下资源。

北极是指北纬66.5°以北或7月份温度不到10℃的北半球地区。在那种地方，树木无法生长。这些地区包括加拿大和阿拉斯加北部、俄罗斯北部、挪威和北大西洋的北部地区等。格陵兰岛的大部分和茶山科学基地所在的斯瓦尔巴群岛也在北极圈内。还有一点要记住，就是北极点在海面上，而南极点在南极大陆上。

会有什么动物
居住在北极呢?

如果让我一辈子居住在北极，我绝对不会愿意，因为这里实在是太冷了。但是也有喜欢寒冷和冰雪的动物朋友们，让我们一起去认识一下它们吧！

北极熊,你在哪里啊?

北极的标志性动物——北极熊，是一种体型大、毛色雪白的熊。

　　因为它的毛是白色的，所以也有人叫它们白熊，越年幼的北极熊，毛色越白。北极熊生活在北极圈内

的岛上、大陆海岸或苔原地带上。苔原地带是极地或高山地带没有树木的平坦陆地。

北极熊的体积很大，它的身高约为一层楼高（2～3米），体重为150～650千克。但有趣的是，北极熊有着和它的大体型极不相称的短短的小尾巴。你问到底有多短啊？大约有10厘米吧。你几乎看不出来它有尾巴。

北极熊跟黑熊不一样，它的头和耳朵都很小。

为什么呢？因为北极是个很冷的地方。北极熊的身体本来就很大，如果加上大大的头和耳朵，那受风面积就更大了，体温也会下降。所以北极熊为了保持体温，根据生存需要，身躯之外的其他部分在进化过程中都变小了。这么大的北极熊却不会在平滑的冰面上摔倒，小朋友们，你们是不是觉得很奇怪呀？在冰面上行走自如的北极熊脚底长着很密的毛，所以能很自如地行走。

生幼崽的时候，母熊会在雪堆里挖个坑，然后在那里生下一到两只幼崽。

它们会在挖出的坑上面盖上雪，从外面看只能看

到小小的空气孔。北极熊两年生一次崽，生产时间主要是在12月下旬到次年1月份。

幼崽过3～4年就会长大，寿命大约为25～30年。除了生育幼崽，北极熊其余的时间一般都是单独生活。北极熊喜欢的食物有海豹、鱼、海鸟、鹿等。

对于生活在北极地区的因纽特人来说，北极熊是非常有用的动物。

它们的毛皮能够作为皮衣材料，它们的肉还能食用。北极熊皮衣既保暖又柔顺，所以价格很贵。正是因为如此，它们曾一度濒临灭绝。美国、俄罗斯、加拿大、丹麦等北极圈内和附近的国家为了拯救北极熊，制定了禁止捕捉北极熊的条例。

但是现在北极的生存环境越来越差，北极熊难以继续生存下去了。维系北极熊生存所需要的食物越来越少，甚至出现了公熊吃掉母熊的可怕现象。为什么北极熊的食物会越来越少呢？这是地球变暖导致的。

由于地球变暖，冰越来越少。海狗和海豹为了寻找冰而逐渐向北迁移，因此，以它们为食的北极熊就面临饥饿，但北极熊的生存考验还远不只这些。

以前，北极熊在海里游累了还可以在冰上休息，但现在北极地区有太多冰块融化了，所以北极熊很难

找到冰块休息，最后可能累死在海里。北极熊虽然是个游泳健将，但是一次游泳的最长距离不超过25千米。再加上食物的缺乏，它们的体型越来越小，幼崽的存活率也下降了。我真担心以后再也见不到北极熊了。

北极熊原来是黑色的？

　　仔细观察一下北极熊，会发现它们白色的毛底下有黑色的皮肤。白色北极熊的祖先原来是在西伯利亚、阿拉斯加地区和格陵兰岛上生活的黑熊。这种黑熊为了寻找猎物而一直往北走，为了适应环境，毛色逐渐进化变成了白色，最终成了现在的北极熊。

你好，狐狸！

一说到狐狸你会想起什么，是诡计多端的狐狸，还是小王子在沙漠里遇到的狐狸呢？

在北极，我竟然和狐狸相见了！在我拍照的时候，突然看到有个灰色的东西向我跑过来，我定睛一看，竟然是只狐狸！

在北极竟然遇到了狐狸！！

我鼓起勇气，直视着狐狸，努力摆出凶狠的样子想吓跑它。

可是，那只狐狸长得实在是太可爱了！

它除了尾巴长了点儿、嘴突出了一点儿以外，跟我们家的宠物狗长得差不多。和我想象中的"九尾狐"根本就不一样，而且狐狸也没有要攻击我的意思。

最后我才知道基地周围的狐狸不怕人。因为科学家们都懂得要保护自然，不会伤害小动物，狐狸们便很自由地出入基地。看着这么冷的天还在寻找食物的狐狸，科学家很心疼它们，会喂它们食物，对它们很友好，因此，狐狸们根本不害怕人类。

这时发生了一件有趣的事情。

狐狸在我面前像只可爱的小狗一样，开心地玩耍着。这真是在动物园也看不到的景象啊！

而且我拿着相机给它拍照，它不怕也不躲。真是天不怕地不怕的狐狸啊！如果它现在无所畏惧地跑到我跟前让我任意抚摸，说不定我还有点儿害怕呢。

我边仔细观察狐狸的活动，边拍了很多照片，世界上有多少个地方能像这里，人和动物的关系如此亲密呢？

下面我们来更仔细地了解一下北极狐吧。

北极狐生活在北纬55°附近的北欧、俄罗斯、阿拉斯加、千岛群岛等地方。它的身长为50～60厘米，尾巴长25厘米左右，体重为2.5～9千克，比我想象中的还要轻。它的耳朵短而圆，嘴没有那么尖，真是个可爱又漂亮的家伙。

它身上的毛到夏天时会变成深色，到了冬天，因为在积雪多的地方生活，所以变成白色。因为它们生活的地方不同，也有始终保持深色皮毛的狐狸。

狐狸会在小山上挖个洞，在那里住上好几年，但是每年都会换个入口，这样做是为了防止被北极熊抓到。北极狐很耐寒，而且什么都吃。夏天它们吃小鸟、老鼠、小鱼、水果等。为了过冬，还会储存不少食物呢。

　　狐狸一生只会找一个伴侣，它们可是一心一意的呢！大概4～6月，狐狸就去寻找伴侣，过了7～8周之后，就会生出1～14只小狐狸。

　　现在我一点儿都不怕狐狸了。小朋友们，你们也想见见可爱的北极狐吧？

北极开花了！

　　有一天，我和科学家小组一起去基地对面的陆地采集样本。我们要坐船过海才能到达那片陆地。坐船之前要穿上像宇航服一样的制服。这套上下身连起来的制服是用特殊材料制成的，可以防水。这套衣服又厚又硬，穿起来很麻烦，但是穿上它，即使掉在水里也不会沉下去，还能漂浮在水面上。船开得很快，刺骨的寒风把脸吹得生疼。

海上有很多小岛，悬崖上落着海鸥等多种海鸟。但是这时我看到了一幕很残忍的景象。

海鸥在享用着留在鸟巢里的小鸟。你们知道海鸥

的外号吗？它们号称"海上的清洁员"。不管是活着的生物还是尸体，它们都会吃，属于杂食性动物。

　　虽然这看起来很残忍，但是一想到物竞天择、适者生存的大自然法则，我也觉得无可奈何。到了小岛，我发现那里是个覆盖着绿色植物的草原。在这里

我发现了高度不到1厘米，但色彩非常艳丽的花朵。这里的很多植物是通过风传播花粉而结果的。当然，有的植物开花也要靠昆虫来帮忙。

依靠昆虫授粉的植物花朵颜色鲜艳，它们盛开的时间非常短。你问这是为什么，是为了吸引昆虫帮忙授粉，只有颜色鲜艳才能获得更多的注意力。在如此恶劣的环境中，竟然有如此美丽的花朵，你是不是觉得很惊讶呢？

北极植物为了战胜寒冷的冬天，会很紧密地挨在一起。这样生长的原因是要减少受风面，并且可以分享热量。

徐博士很小心地采集了小草样本。他说要从遗传学的角度来研究它们，就可能发现在寒冷的冬天也不会被冻死的农作物的秘密。如果用博士的研究成果改良农作物，就能在冬天的户外看到绿色的蔬菜了。

一些非常小的昆虫生活在植物的根部，因为那里密集分布的土壤比别的地方暖和，而且更容易找到食物。

现在，我给你们讲讲和徐博士一起在基地周边所采集的植物吧。

北极的植物

北极柳树

  北极柳树是斯瓦尔巴群岛的代表植物。和别的植物不一样的是，它的茎和根一块儿在地里生长，因此到了寒冬也不会被冻死，但它很可能成为驯鹿的美餐哦！

北极腰鼓槌

  为了抵御严寒，一个根上竟然长出成千上万条枝干。神奇的是，开花的顺序由南向北，所以也叫"指南针植物"。

北极宽叶仙女木

  北极苔原地区的代表植物，尤其爱在干燥而贫瘠的土壤上滋生。像向日葵一样，随着阳光而改变花的朝向。

肾叶山蓼

  肾叶山蓼的叶子很柔软，并且含有很多的水分。新鲜而柔嫩的叶子也可以为人们所食用。自古以来，居住在北极地区的原住民就通过吃这些植物来补充维生素C。

北极紫色虎耳草

　　北极地区有很多植物，虎耳草类的植物尤其多。到了初夏，北极的苔原地区就红成一片。

北极白色种树丛

　　是木本植物，是一种在干燥的地区也能生根发芽的植物。

树丛虎耳草

　　和紫色虎耳草一样，在基地周边很容易找到它。为了防寒，小树干聚在一起生长。有时，随着土壤的状态变化，叶子的颜色会变红。

北极气球腰鼓槌

　　主要在冰川的堆积作用下形成的干燥贫瘠的石粒地里生长，花的形状很特殊。花萼之所以变成气球状，就是为了在种子成熟之前抵御北极寒冷的风。

勤劳的北极昆虫

　　我帮金老师采集了一些昆虫样本。我原以为北极会像南极一样，几乎没有昆虫，但是北极和南极截然不同，北极有很多种昆虫。

　　在冰雪融化之后的凹地，会出现一些小米那么大、像水跳蚤一样的昆虫，而这些1毫米大小的小虫就生活在以前的煤矿里，那些使用过的腐烂木材里面。还有努力搬运花粉的小昆虫。

　　北极有苍蝇和蜜蜂、蝴蝶的幼虫和步行虫、弹尾虫、牛虻、蜘蛛等多种多样的昆虫。

　　金老师说，之所以生活在北极的昆虫比南极多，是因为北极夏天的气温比南极高。

　　南极大陆全年都覆盖着厚厚的冰，即使到了夏天，南极大陆的气温还是在0℃以下。北极地区夏天的最高气温是10～15℃，比较暖和。所以北极有很多种植物和昆虫。

　　北极最多的是苍蝇，金老师在这里发现了十多种苍蝇呢。但是这些苍蝇并非北极特有的，一些苍蝇是和进口的树木或食物一起移民过来的。蜘蛛类生物也是这样的偷渡客。有些蚊子或小蜜蜂之类的昆虫，是被北欧吹来的风带过来的。

　　北极的昆虫也像植物一样，身上有种防寒的物质。由于有这种物质，因此在很冷的冬天它们也不会被冻死。

花丛里的苍蝇

鳞翅类的幼虫

我帮金老师做了一些工作，工作内容就是用镊子把小虫夹到含有酒精的试管里，酒精能把植物或动物做成标本。使用酒精不会破坏动物或植物的基因，让动、植物的标本得以长久保存。因为有酒精，我们才可以拿着从北极采集的动植物标本进一步研究防寒的昆虫和植物的基因。

北冰洋的天使——海若

　　我和海洋研究院的金博士一起去了基地前的海，在那里我们发现了一种很可爱的海洋生物。它体长2~3厘米，有着可以看到消化器官的透明身体，还长着像翅膀一样的东西。

　　这种海洋生物有个很好听的名字，叫作海若，是地球上很罕见的海洋生物。海若的名字源于希腊神话中的海妖"Clio"的名字。

　　海若是一种像海螺的生物。它出生的时候有硬硬的壳，但是长大之后壳就会慢慢消失，只剩下嫩嫩的皮肤，摸上去比蜗牛还要柔软，背上还有像翅膀一样的东西。

看着海里的海若，就像是看到小小天使在天上遨游一样。因此，海若还有个"海上天使"的美名。

有很多海若生活在俄罗斯和日本之间的鄂霍次克海上。但是金博士在基地周边也发现了海若的栖息地。

海若只生活在冰川融化后的淡水和海水混合物中，所以看到海若是件不容易的事情。传说看到海若的时候，你许下心愿就会实现。

可不要被海若可爱的外表所蒙蔽，它们捕捉食物的时候会变得很凶。它们把触手和牙齿藏在可爱的身体里，当浮游植物或硬壳类生物靠近时，就在一瞬间被它们吃掉。因为海若消化食物的速度很慢，所以一年只吃一两次食物。

　　金博士正在研究大量繁殖海若的技术，将来的某一天，我们很有可能在水族馆见到海若哦。

巨大的北极鲸

在北极比北极熊还要大的生物是什么呢？

世界上最大的生物是鲸，在北冰洋里生活着很多鲸。

鲸虽然和鱼一样生活在水中，但它不生蛋，而是生下幼崽并母乳喂养的哺乳类动物。

北极鲸生活在北冰洋以及白令海、鄂霍次克海、太平洋北部和大西洋北部的冷水中。因为皮肤下有厚厚的脂肪，所以它在寒冷的北冰洋也能生存。脂肪层还能很好地保护鲸的内脏，所以即使鲸用身体砸破30厘米厚的冰面，也会安然无恙。

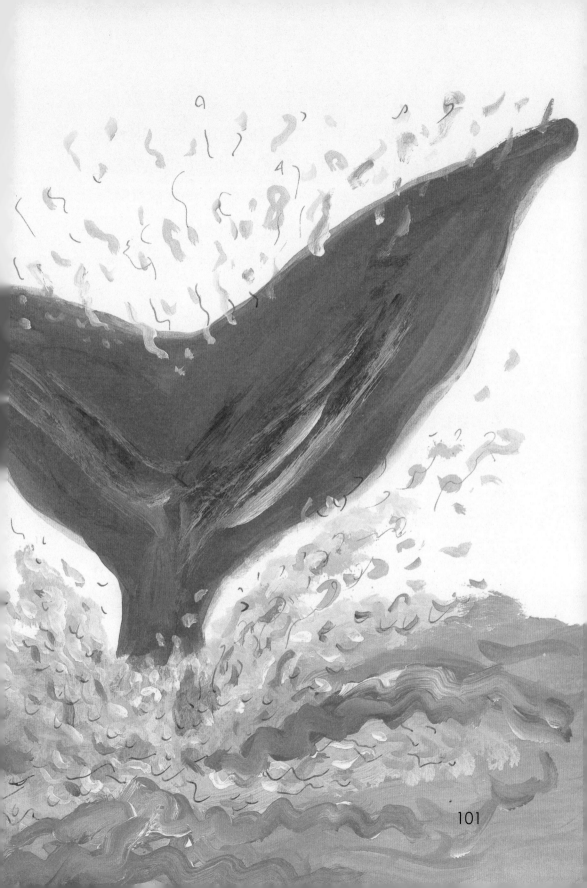

长得像巨大的弓一样的头占整个身长的40%，因此北极鲸也被叫作"弓头鲸"。幼年北极鲸从尾巴到头都是圆形的，但是长大后就变成三角形的样子。北极鲸的背上有个孔，是吸气、呼气的通道。

　　北极鲸是个很帅的家伙，在各种鲸类中，它的鲸须长度最长。北极鲸全身都是黑色，略带点褐色，尾巴是扁扁的，有的上面还有灰色的条纹。真是个样貌多变的家伙啊！

　　长大之后的北极鲸身长一般是14～15米，大多数雌鲸都比雄鲸大。

　　北极鲸一般以甲壳类生物和浮游植物为食。

　　它们用扇子一样巨大的尾巴拍打海底，大量的泥土就会浮起来，然后它们张开大大的嘴，把海水吸进嘴里。于是，那些甲壳类生物和浮游植物就会随着海水一起进了它们的肚子。

　　北极鲸夏天往北，冬天往南迁移。一般2～5条聚集在一起，过群居生活。到了春天或初夏，它们就会找配偶，而且在冰面附近产下幼崽，并在约一年的时间里用母乳哺育幼崽。

因为濒临灭绝，所以现在禁止捕猎北极鲸。

但是，对于从很早以前就以捕鲸为生的因纽特人，政府只是限制他们的捕鲸行为，每个人获得一定的限额。在2010年，有人在格陵兰岛附近捕捉到的鲸的身体里发现19世纪80年代制造的鱼叉。因此，专家判断这头鲸的年龄至少有115岁。美国的科学家对北极鲸眼睛的细胞进行试验分析，分析结果表明北极鲸至少能活到200岁。

北极鲸的性格温顺，所以也被称为"海洋绅士"。但是人类为了得到鲸的油和肉，随意捕猎它们，最终导致它们濒临灭绝。有许多国家为了保护鲸，制定了禁止捕猎的法律。为了满足人类的欲望而导致另一种生命永远在地球上消失，这是不是很残忍呢？

营养不足的灰色鲸

北极灰色鲸最喜欢吃磷虾。但是由于地球变暖，磷虾的数量减少了很多。灰色的鲸缺少食物，连体形也变了，这可怎么办啊？

住在北极的人们

　　北极没有食物，天气还非常寒冷，但还是有人住在那里。什么？你已经知道了？是的，他们就是坐着雪橇、住在冰屋子里的人，他们是"因纽特人"。

　　我们把住在北极地区的人叫"因纽特人"，细分起来，住在北阿拉斯加和加拿大、格陵兰岛的原住民被称为"因纽特人"，而住在西阿拉斯加和俄罗斯靠东地区的原住民被称为"尤皮克人"。这些称呼在爱斯基摩语中都是"真正的人"或"土地上的主人"的意思。

　　他们以捕猎或养鹿为生。如果去远方捕猎，就会临时搭建冰屋，住上一宿。

　　现在，原住民都有了带发动机的雪橇，可以到远处去捕猎，

105

还能当天回来，于是，很少有原住民再像以前一样临时搭建冰屋了。

冰屋一般会建成圆形，这样它受风时的压力会减小。如果冰屋是方方正正的模样，那就要抵挡从四面八方吹来的风。而且建造圆形的建筑会相对容易，圆形建筑比四角形的建筑还要坚固呢。

冰屋的出入口很小，之所以这么建也是有原因的，这样不仅会让较少的风进来，也会使屋子里的温度保持在16℃以上。

大家是不是觉得因纽特人很聪明啊？

但是最近他们非常苦恼，原因是北极的气候总是在变，而且南部地区的污染物质随着海流和风来到北极，威胁着这里的生态系统。从南部地区流过来的像水银一样的污染物附着在北极动物的脂肪组织内，当人们吃了这样的动物之后，那些物质又转移到人的身上，使人出现重金属中毒现象。

实际上，在因纽特女性的乳汁中已经发现重金属物质了。

科学家通过调查，得知加拿大北部的一个小部落里的各种动物都受到了重金属物质的污染。很多动物出现了肝中毒并且肝硬化，中毒的动物包括鱼类，还有哺乳动物，像驯鹿和环斑海豹等。此外，世界上很稀有的白鲸也出现了中毒现象，脂肪的颜色发生了改变。驯鹿的关节和肌肉上竟然长出寄生虫，这是多么可怕的事情啊！照此下去，不只是动物，连因纽特人都无法生存下去了。

谁还能在北极生存呢？

根据北极理事会的报告，北极地区的400万人口要迁移到别的地方去。因为在北极地带捕猎变得越来越困难，而且随着紫外线照射的增加，患上皮肤癌症的概率也逐渐增高了。

北极的气温上升，这对北极动物的正常生活构成威胁，而且连带着因纽特人的生活也受到影响。比如，饥饿的北极熊会频繁地到人们居住的村里去袭击人类和家畜。

拯救地球的
北极

北极对地球的气候有很大的影响。
但是最近，北极的冰正以很快的速度融化。
如果北极的冰全化掉，地球上将会发生很可怕的事情……
北极正在发生什么样的事情呢？

北冰洋是资源的宝库

　　北冰洋占地球海洋总面积的3.3%，是很广阔的海洋。在这浩瀚的大海里蕴藏着丰富的资源。坐在飞往科学基地的飞机上，我看到很多小岛都呈现黑色，我问了一下江大队长，他说那是裸露在地表的煤炭层。

　　北冰洋蕴藏着大量的石油、煤炭和天然气等资源。据说地球上四分之一的原油和天然气都在这里，而且这些资源都很容易开发。

石油或煤炭等大部分天然资源都埋藏在200米以下的大陆架里，而北冰洋的70%是大陆架。天然资源埋藏在越浅的地方，就越容易开发。资源被埋藏得太

什么是大陆架？

大陆架是陆地在海洋的延伸，海水深度一般不超过200米。这里生活着很多种生物，既能看到小小的海洋生物在浮动的海草中游动，也能看到寻找食物的鱼类。

深，就不容易被发掘出来。由于拥有这些资源，挪威成了石油大国。

　　北极周边不仅富含地下资源，也是多种鱼类自由生活的场所。在北极周边捕获的鲢鱼和大口鱼的数量占世界总渔获量的37%。人们还可以通过对北极地区微生物的研究，促进医学和医疗产业的发展。科学基地的科学家们也在努力进行一些研究，例如，怎样把人类的内脏完整无损地保存住或怎样高效率地使用燃料。现在大家明白为什么把北极叫"未来地球资源的宝库"了吧？

南极也是个资源宝库

　　南极大陆有很多种矿物资源，比如铁、铜、镍、金、银等，这些资源是可以代替石油和煤炭的未来能源。南极周边也有大量磷虾。南极地区的淡水量占地球总淡水量的68%，淡水是以冰川状态存在的。在一些极地生物的身体里含有防冻的物质和缓解紫外线的物质。

冰川的融化会让
地球很"难堪"

在科学基地，可以看到巨大而坚硬的冰川，就算是夏天来临也不会融化。但是科学家们经过调查发现，最近100年间很多冰川都融化了。基地对面的冰川冰面10万年才融化1平方千米，但是冰川融化之后的水量却超过数百亿，甚至数千亿吨。

最近很多报告显示，北极冰川里的冰在以很快的速度融化。漂浮在海上的冰叫作"流冰"，那是海水冻结之后产生的。1979年，北冰洋的流冰面积达到了800万平方千米，而到了2005年，同一地区的流冰竟然减少到535万平方千米。在不到30年间的时间里，竟然融化掉了265万平方千米。

科学家分析，按这种速度融化，到了2060年夏天，北极就再也看不到冰川了。北极的冰川之所以这么快融化，是因为地球的温度不断升高，这就是地球变暖现象，地球变暖是指随着二氧化碳等气体的浓度升高而产生的温室效应。

想象一下塑料大棚，就容易理解温室效应了。地球从太阳那里得到热量，但是地面不能吸收所有的热量，大部分热量会重新返回到大气中。而像二氧化碳一样的气体就会把热量存起来，原理就和塑料大棚差不多。这样，热量不会往外流失，而地球的温度也随之升高了。

随着世界各地的工厂如雨后春笋般涌现，二氧化碳的排放量也比以前增多了。随着工业产业化发展速度的加快，地球温度也逐渐升高，北极冰川里的冰随之不断融化。

但这还不是最严重的问题，如果极地的冰融化后露出地表，那将会大幅度增加地球的受热面积。其周边的温度就会升高，更多冰川里的冰就会融化掉。

地球变暖的影响不仅仅局限在极

北极的海好淡啊！

由于地球变暖的影响，北极冰川融化之后会稀释海水，这样海水就变淡了。科学家研究结果表明，格陵兰岛附近冰川的融化导致了海水盐分的浓度减小，这样就会阻碍海水的循环，会对地球的气候产生影响，例如会发生夺走无数生命的可怕海啸。

地。台风一般会在北纬5~25°之间的热带地区海洋上出现，海水表面气温要在27℃以上才会发生这种现象。但是由于地球变暖，海水的温度越来越高，台风发生的频率也会越来越大。原来炎热的地方会变得更热并且干燥，就像非洲一些地区，有可能变成沙漠。不仅如此，洪水频繁泛滥，传染病大暴发等可怕的灾难将会威胁人类。地球变暖不仅仅让温度升高，还会改变地球的面貌。

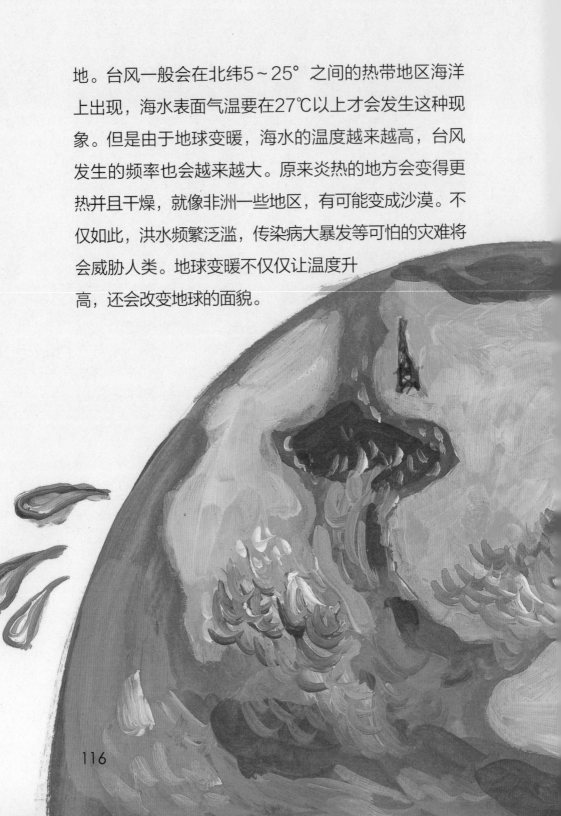

小朋友们，要想阻止地球变暖，就要赶紧行动起来，关掉那些开着的灯或电脑吧。开着电脑或灯，会浪费很多电，电是燃烧石油或煤炭产生的，燃烧化学燃料会产生二氧化碳。别忘了，我们生活中的点滴小事都会对地球环境产生很大的影响哦。

北极的资源抢夺战

　　各国都在北极无声无息地进行着石油和海产品的抢夺战。北极有冻结的海、大大小小的冰川，是个很难接近的地方。但是最近的研究结果却让许多国家争先恐后地向北极"伸手"，由于地球变暖，北冰洋的冰将在21世纪内全部融化。

　　要是冰川融化，那对北极的开发就轻而易举了。现在北冰洋一年中只有4个月能通船。但是如果北冰洋上的冰都融化的话，通行的时间就能延长到8~10个月。

　　这样一来，对北极开发的时间会大大增多。

　　利用北极的海上之路，能节省很多物资和人力。所以在北极不仅要开发资源，还要开发输送资源的新航路。俄罗斯为了开发北冰洋的天然气和原木资源，已经积极参与到航路的开发建设中。

　　虽然北极冰的融化有利于开发资源，还能开辟一些新航路，但是这对人类并不是有益的。北极冰的融化速度非常快，这将会给生态系统造成很大的混乱。

制造地球气候的北极

　　北极包括北冰洋和围绕着北冰洋的8个国家（俄罗斯、美国、加拿大、芬兰、挪威、瑞典、丹麦、冰岛）的一部分。所以没有这些国家的协助，是不能接近、开发北极的。

　　科学家们把较大的精力投入到了对北冰洋的浮游植物的研究上，因为它们对地球环境的变化很敏感。小型浮游植物一般有20～200微米大小。1微米就是1厘米的1/10 000。这么小的浮游植物在维持地球生态系统方面却起到了很大的作用。

　　例如，浮游植物的数量减少会导致浮游动物的数量减少，以浮游动物为食的鱼的数量也会相应减少。

2007年是"国际极地之年"

　　2007年到2008年是国际极地之年。极地对地球环境的变化很敏感，所以很适合研究地球变暖。为了测量南极和北极的环境变化，科学家们进行了共同研究。

121

依此类推，海狗的数量会减少，位于食物链顶端的北极熊也没有食物了。所以观察浮游植物的变化是很有意义的。当然，研究在北极的冰川或雪地上栖息的微生物也是很重要的，这些微生物都是未来开发新能源的有用材料。

地球最后的仓库

挪威政府为了防备北极的核战争或小行星撞击等大灾难，储备了一些种子。储藏室位于距离北极点1 000千米的岩石上，就算是冰川全部融化也不会淹没种子。贮藏器大约有半个足球场大，可以防御核武器的攻击，里面储藏有200多万种作物的种子，其中包括10万粒水稻的种子和1 000粒香蕉的种子。

北极和南极都被称为"制造气候的地方"。

生活在-50℃的北极冰块里的微生物带有天然防冻物质，研究这些物质会实现对人类内脏以及血液、干细胞的冷藏保管，对生命工程研究有很大的帮助。研究成果还可以应用于各种蔬菜的保存上。

在基地见到的人们

　　北极的尼尔森科学基地村里有很多挪威人在工作。无论是厨师或管理者，修路的工人或基地排水工，他们都是挪威人。这些人中给我留下最深刻印象的是厨师吉姆，还有教我们射击的教官。

　　吉姆是小时候被人领养到挪威的韩国青年。见到吉姆的时候，我有点儿心疼，他这么小就离开自己的亲生父母，到一个完全陌生的国家生活，真是不容易啊。但是他坚强而开朗的笑容让我的心情舒畅了很

多。吉姆确实很优秀。

在科学基地，不知道什么时候会遇到北极熊，所以要随身带着枪，并要学会怎样开枪。

一想到教官，你的脑海中是不是就浮现出衣着端庄的严肃形象呢？但是我在基地村见到的射击教官，都穿着皮夹克和皮裤，脚上很随意地套双皮拖鞋。第一次见面的时候，我都不知道他们是射击教官呢。

北极会变成什么样呢？

怎么样？北极旅行愉快吗？

离开茶山科学基地的时候，我的心情既兴奋，又有点舍不得。

我还很担心将来再次到北极的时候，会因为这里快速的气候变化而认不出来了呢。

小朋友们，现在北极处于很危险的境地。

像我们前面所说的，由于地球变暖，冰川里的冰正在以很快的速度融化。突然改变的北极环境会给地球造成很可怕的影响。

为了拯救北极的自然环境，我们不应该随意捕猎生活在北极的动物。为了研究而进行的捕猎也要尽量减少。自然生态环境一旦被破坏，就需要几百年的时间来恢复。从这个角度来看，禁止捕猎鲸鱼和保护北极熊的居住地，是保护地球和地球上所有生命的举动，我们每个人都要继续为此努力。

　　而且，我们也不能盲目、无休止地开发北极的资源。现在各国为了获得能源而纷纷涌入北极，究竟是对还是错呢？我们要想想，虽然开发北冰洋海底的石油和煤炭，会在一段时间内解决能源问题，但是因为开发能源而破坏了环境，很有可能给地球带来灭顶之灾。

　　希望小朋友们记住叔叔的话，从小就为保护地球而不懈努力。

图书在版编目（CIP）数据

连北极熊都不知道的北极故事 /（韩）朴志桓著；
千太阳译. -- 长春 ：吉林科学技术出版社，2020.1
（科学全知道系列）
ISBN 978-7-5578-5049-4

Ⅰ．①连… Ⅱ．①朴… ②千… Ⅲ．①北极—青少年
读物 Ⅳ．①P941.62-49

中国版本图书馆CIP数据核字（2018）第187416号

吉林省版权局著作合同登记号：
图字 07-2016-4711

连北极熊都不知道的北极故事 LIAN BEIJIXIONG
DOU BU ZHIDAO DE BEIJI GUSHI

著	[韩]朴志桓
绘	[韩]金美境
译	千太阳
出 版 人	李 梁
责任编辑	潘竞翔 赵渤婷
封面设计	长春美印图文设计有限公司
制 版	长春美印图文设计有限公司
幅面尺寸	167 mm × 235 mm
字 数	100千字
印 张	8
印 数	1-6 000册
版 次	2020年1月第1版
印 次	2020年1月第1次印刷

出 版	吉林科学技术出版社
发 行	吉林科学技术出版社
地 址	长春市净月区福祉大路5788号出版大厦A座
邮 编	130118
发行部电话 / 传真	0431-81629529 81629530 81629531
	81629532 81629533 81629534
储运部电话	0431-86059116
编辑部电话	0431-81629520
印 刷	长春新华印刷集团有限公司

书 号	ISBN 978-7-5578-5049-4
定 价	39.90元

如有印装质量问题 可寄出版社调换
版权所有 翻印必究